电网企业安全生产系列口袋书

钳形电流表现场检测实例

《电网企业安全生产系列口袋书》编写组　编

中国电力出版社

CHINA ELECTRIC POWER PRESS

图书在版编目（CIP）数据

钳形电流表现场检测实例 /《电网企业安全生产系列口袋书》编写组编 . — 北京：中国电力出版社，2024.6（电网企业安全生产系列口袋书）

ISBN 978-7-5198-8882-4

Ⅰ.①钳… Ⅱ.①电… Ⅲ.①电流表－检测－基本知识 Ⅳ.① TM933.1

中国国家版本馆 CIP 数据核字（2024）第 088648 号

出版发行：中国电力出版社
地　　址：北京市东城区北京站西街 19 号（邮政编码 100005）
网　　址：http://www.cepp.sgcc.com.cn
责任编辑：周秋慧　鲍怡彤
责任校对：黄　蓓　张晨荻
装帧设计：赵姗姗
责任印制：石　雷

印　　刷：北京瑞禾彩色印刷有限公司
版　　次：2024 年 6 月第一版
印　　次：2024 年 6 月北京第一次印刷
开　　本：880 毫米 ×1230 毫米　64 开本
印　　张：2
字　　数：58 千字
印　　数：0001—2000 册
定　　价：25.00 元

内容提要

钳形电流表是一种不用断开电源，就能直接测量运行中带电设备和线路工作电流的携带式仪表，对于不能停电或不便切断电源的场合可以进行方便测量，因此钳形电流表在发电厂、变电站、供电所、生产营销班组等得到了广泛应用。为了使电力员工正确使用钳形电流表，杜绝测量时发生触电事故、设备短路等，特编写本书。本书对钳形电流表的测量方法进行了详细描述，列举了现场测量实例并进行了分析，对钳形电流表的核相和使用注意事项提出了明确要求。本书采用图视化的方式编写，图文并茂、一目了然，既方便学习又便于操作。

本书可以作为电力现场作业人员实际工作的指导用书，也可以作为新进员工的学习培训教材。

电力生产的客观规律和电力在国民经济的特殊地位，决定了电力生产必须坚持"安全第一，预防为主，综合治理"的方针。电力生产具有生产环节多、现场带电设备多、交叉作业多的特点。为更好地帮助现场作业人员提高安全意识、学习安全生产知识、规范作业行为、掌握安全技能，特编写《电网企业安全生产系列口袋书》。

钳形电流表的最大优点就是在不断开电源的情况下，通过测量能随时掌握低压电力设备和线路的运行状况，还能便捷查找低压电力设备和线路发生的故障点。使用钳形电流表查找故障点既可以提高供电可靠性，又能够保证供电服务质量，因此为使一线员工能快速掌握钳形电流表的安全操作流程和使用技巧，特编写《钳形电流表现场检测实例》。本书主要包括钳形电流表基础知识、钳形电流表测量方法、钳形电流表现场测量实例分析、现场测量前工作准备、钳形电流表核相、钳形电流表使用注意事项等内容。本书通俗易懂，小开本设计携带方便，便于现场工作使用。本书由王晴、王暖、孙泽浩、李明宇、孙瑞红编写。

本书可以作为电力现场作业人员实际工作的指导用书，也可以作为新进员工的学习培训教材。

编者

2024 年 6 月

目　录

第一章

钳形电流表基础知识

第一节　钳形电流表类型及优点

（1）钳形电流表常用类型有数字式钳形电流表（见图 1-1）和指针式钳形电流表（见图 1-2）两类。

图 1-1　　　　　　图 1-2

（2）钳形电流表一般准确度不高，通常为2.5~5级。使用钳形电流表的优点是可以在不中断负载运行的条件下测量低压线路上的交流电流，相比万用表测量既方便又安全，还节省时间（见图1-3）。

图1-3

第二节　钳形电流表原理

（1）钳形电流表由表体，红、黑两根测试表笔，热电偶测温线，电池以及安全挂绳组成（见图1-4）。

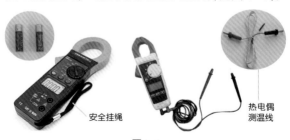

安全挂绳

热电偶
测温线

图1-4

（2）使用钳形电流表测量电流时，首先应将钳形电流表的钳口夹入一根被测导线（见图1-5）。

图1-5

（3）钳形电流表工作原理（见图1-6）。

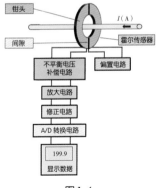

图1-6

（4）穿过钳形电流表铁芯的被测电路导线称为电流互感器的一次线圈，当通过电流时便在钳形电流表的二次线圈中感应出电流，从而使钳形电流表二次线圈相连接的电流表指示出被测电路的电流（见图1-7）。

图1-7

第三节 钳形电流表功能

（1）钳形电流表面板功能（见图1-8）。

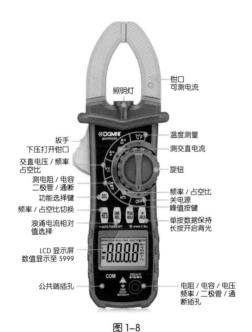

照明灯

钳口
可测电流

扳手
下压打开钳口

温度测量

测交直电流

交直电压／频率
占空比

旋钮

测电阻／电容
二极管／通断

功能选择键

频率／占空比
关电源

频率／占空比切换

单按数据保持
长按开启背光

浪涌电流相对
值选择

峰值按键

LCD 显示屏
数值显示至 5999

公共端插孔

电阻／电容／电压
频率／二极管／通
断插孔

图1-8

（2）"ZERO"（REL）键：当钳形电流表在直流电流挡时用"ZERO"（REL）键来"清零"（清除开机时液晶器上的感应数字），"ZERO"（REL）键还可以在电压或电流挡用来选择相对值测量（见图1-9）。

图1-9

（3）"HOLD"数据保持键：短时间按下"HOLD"数据保持键，可以改变测量功能挡位；如果再按一次"HOLD"数据保持键，则可以退出读数保持模式（见图1-10）。

图1-10

（4）"BL"数据保持键：长时间按下"BL"数据保持键，液晶显示器背光／照明点亮，再次长时间按下"BL"数据保持键，关闭液晶显示器背光／照明，如无操作 15s 后自动关闭背光／照明（见图 1-11）。

图 1-11

（5）"FUNC"键：按压此键可以切换交流或直流（即 AC/DC），还可以切换 Hz%、电阻、二极管、导通蜂鸣、电容等挡位（见图 1-12）。

图 1-12

（6）"MAX/MIN"保持键：按下"MAX/MIN"保持键，显示器上将保持最大或最小读数（见图1-13）。

图1-13

（7）"Hz%"键：在交流电流或交流电压测量时，按下该键可读取交流信号的频率及占空比（见图1-14）。

图1-14

（8）钳形电流表的扳机：按下扳机，钳头张开（见图1-15）；松开扳机，钳头自动合拢（见图1-16）。

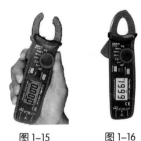

图1-15　　　图1-16

（9）钳形电流表液晶显示器一般为LCD液晶显示器，测量时，可以根据显示符号及对应内容从显示器上读取测量结果（见图1-17）。

图1-17

（10）钳形电流表钳口为交/直流电流钳口，从钳口中可以获取交流电流、直流电流和钳头测频（见图 1-18）。

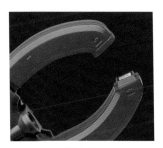

图 1-18

（11）夜间或光线暗淡时，到现场测量可以打开钳形电流表照明灯（见图 1-19）。

照明灯　钳口可测电流

图 1-19

（12）位于钳头壳体内部的 NCV 感应片，此部位为非接触式测量的感应区（见图 1-20）。

图 1-20

（13）钳形电流表旋钮开关（见图 1-21）。

图 1-21

1）交、直流电压挡：$\boxed{\begin{smallmatrix}-750\\1000\end{smallmatrix}\text{ V}}$；

2）关闭挡：OFF；

3）温度测量挡：$\boxed{\text{℃/℉}}$；

4）交、直流电流挡：$\boxed{60\widetilde{\text{A}}}$；

5）非接触验电感应挡：NCV；

6）交直流电流挡：$\boxed{1000\widetilde{\text{A}}}$；

7）频率 / 空占比挡：Hz%；

8）电阻、二极管、导通蜂鸣、电容测量挡：$\boxed{\text{ }}$。

（14）钳形电流表由两个输入插孔组成（见图1-22）：其中一个是"COM"输入插孔，除交流电流外，COM 是公共端输入插孔；另一个是"V/Ω/ ➡ "输入插孔，V/Ω/ ➡ 是测量电压、电阻、二极管正向压降、电路通断和频率的输入插孔。

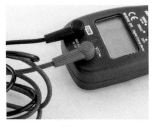

图1-22

第二章

钳形电流表测量方法

第一节　钳形电流表测量前后

（1）使用钳形电流表测量前，首先要检查钳形电流表外观是否完好无损，钳形电流表的指针是否能自由摆动，接线端子（或插孔）是否完好，表笔及表笔线是否完好无损（见图 2-1）。

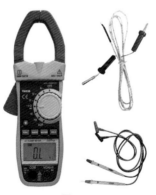

图 2-1

（2）测量前，应先检查钳形电流表铁芯的橡胶绝缘是否完好无损（见图2-2）。

图2-2

（3）检查钳形电流表钳口是否清洁、无锈蚀，闭合后应无明显的缝隙（见图2-3）。

图2-3

（4）钳形电流表正常测量时，应使用两节5号干电池（见图2-4）。

图2-4

（5）如果钳形电流表长期不使用，应将钳形电流表内部的电池取出来，以免电池腐蚀表内其他器件（见图2-5）。

图2-5

（6）钳形电流表使用完毕，应将旋钮开关旋至"OFF"位置，再将测试笔全部取下，放入工具包内（见图2-6）。

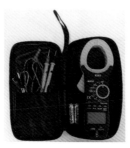

图2-6

（7）钳形电流表使用完毕后，应存放于干燥、无尘、无腐蚀性气体且不受震动的场所，应避免存放于高温、高湿的地方（见图2-7）。

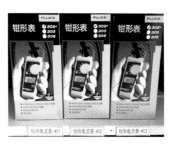

图2-7

第二节 钳形电流表测量交流电压

（1）将旋转开关转至电压挡，按下"FUNC"键选择交流电压"$\sim$"（见图 2-8）。

图 2-8

（2）钳形电流表测量交流电压时，将黑表笔插入"COM"输入插孔。红表笔插入"V/Ω/Hz"输入插孔（见图 2-9）。

图 2-9

（3）用测试笔的两个测量端测量待测电路的电压值。测量时钳形电流表要与待测电路并联，由液晶显示器读取测量电压值（见图 2-10）。

图 2-10

（4）钳形电流表禁止测量任何高于 750V 的交流电压，以防遭到电击或损坏仪表（见图 2-11）。

图 2-11

（5）在交流 600mV 及 6V 量程，即使没有输入或连接测试笔，钳形电流表也会有若干显示，在这种情况下，应将"V/Ω/Hz"端和"COM"端表笔短路，使钳形电流表显示回零，说明钳形电流表正常（见图 2-12）。

图 2-12

第三节　钳形电流表测量直流电压

（1）将旋转开关转至电压挡，按下"FUNC"键选择直流电压"⎓"（见图 2-13）。

图 2-13

（2）钳形电流表测量直流电压时，将黑表笔插入"COM"输入插孔，红表笔插入"V/Ω/Hz"输入插孔（见图2-14）。

图 2-14

（3）用测试笔的两个测量端测量待测电路的电压值。测量时钳形电流表要与待测电路并联，由液晶显示器读取测量电压值（见图2-15）。

图 2-15

（4）在测量直流电压时，如果红表笔接触被测电压的负极，显示器会显示"-"极性符号（见图2-16）。

图 2-16

（5）在测量直流电压时，如果红表笔接触被测电压的正极，显示器只显示被测量电压的数值，不显示极性符号（见图2-17）。

图 2-17

（6）钳形电流表禁止测量任何高于 1000V 的直流电压，以防遭到电击或损坏仪表（见图2-18）。

图 2-18

（7）在直流 600mV 及 6V 量程，即使没有输入或连接测试笔，钳形电流表也会有若干显示，在这种情况下，应将"V/Ω/Hz"端和"COM"端表笔短路，使钳形电流表显示回零，说明钳形电流表正常（见图 2-19）。

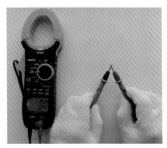

图 2-19

第四节 钳形电流表测量电阻

（1）使用钳形电流表测量电阻时，先将旋钮开关拨至电阻挡（见图 2-20）。

图 2-20

（2）钳形电流表测量电阻时，将旋钮开关拨至电阻挡后，按下"FUNC"键选择"Ω"量程，再将黑表笔插入"COM"输入插孔。红表笔插入"V/Ω/Hz"输入插孔（见图2-21）。

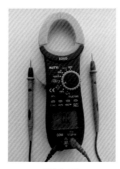

图 2-21

（3）当钳形电流表的表笔接触到被测电阻的两端时，显示器显示被测电阻的阻值（见图2-22）。

100K 标准电阻测量

图 2-22

（4）为避免钳形电流表损坏，测量电阻前，应先切断被测电路的所有电源，并将所有高压电容器充分放电（见图2-23）。

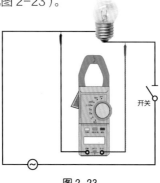

图 2-23

（5）当钳形电流表开路时，显示器将显示"O.L"（见图2-24）。

图 2-24

（6）测量低电阻时，考虑到表笔的接触电阻(0.2~0.3Ω)，先把表笔短路（即两个表笔的笔针直接接触），并记下显示器上接触电阻的阻值，然后将被测电阻的测量值减去该表笔接触电阻，即为测量值（见图2-25）。

图 2-25

（7）测量电阻时如果显示器显示"O.L"，表示测量值超出量程范围，应及时更换量程，在 MΩ、Ω、kΩ 之间选择电阻量程，以满足更高量程测量需求（见图 2-26）。

图 2-26

（8）测量白炽灯泡的电阻值（见图 2-27）。

图 2-27

（9）测量LED灯泡的电阻值，由于LED灯泡的电阻值很高，超过钳形电流表量程，所以显示"O.L"（见图2-28）。

图2-28

第五节　钳形电流表测量交流电流

（1）使用钳形电流表测量电流时，钳形电流表的钳口应紧密接合，接合不严密将造成显示数据不准确（见图2-29）。

图2-29

（2）使用钳形电流表测量小交流电流时，将钳形电流表旋钮开关拨至60A交直流电流挡，再按下"FUNC"键选择交流电压"～"（见图2-30）。

图2-30

（3）使用钳形电流表测量大交流电流时，先将钳形电流表旋钮开关拨至1000A交直流电流挡，再按下"FUNC"键选择交流电压"～"（见图2-31）。

图2-31

（4）按住钳形电流表扳手，打开钳口，将被测电线穿过互感器铁芯，就可以从显示器上读取数据（见图2-32）。

图2-32

（5）使用钳形电流表测量导线交流电流时，必须分相测量（见图2-33）。

图2-33

（6）使用钳形电流表测量导线交流电流时，导线不能带有绝缘层。带有绝缘层的电缆无法测量交流电流（见图2-34）。

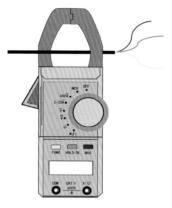

图 2-34

（7）使用钳形电流表测量导线交流电流时，按住扳机，钳口夹住被测电流的输入导线（单根相线），使导线尽量位于钳口中心位置（未置于钳头中心位置可能会产生 1% 读数误差），松开扳机后，使钳口紧紧地闭合（见图2-35）。

图 2-35

（8）使用钳形电流表测量小交流电流（一般在5A以下）时，为使读数更准确，在现场条件允许情况下，可以将被测导线绕数圈后放入钳口内进行测量（见图 2-36）。

图 2-36

（9）钳形电流表不能测量裸导线电流，以防触电和短路（见图2-37）。

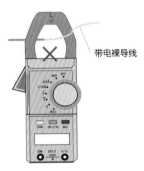

带电裸导线

图2-37

（10）钳形电流表不能测量带电的裸露的铝排（母线、线路等）电流，以防触电和短路（见图2-38）。

图2-38

（11）为使钳形电流表读数更准确，应保持钳口干净无损，如有污垢，应用汽油擦洗干净再进行测量（见图2-39）。

图2-39

（12）使用钳形电流表测量电流时，钳口一定要夹入一根被测导线（电线），不要同时夹住电流方向相反的两根以上的导线，以免电流互相抵消（见图2-40）。

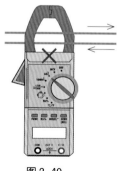

图2-40

（13）使用钳形电流表测量导线电流时，如果是三相交流电，当钳口夹入 v、w 两根导线时，若此时三相负荷平衡，则钳形电流表测出的是 U 相导线的电流（见图 2-41）。

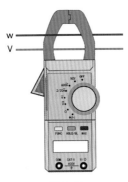

图 2-41

（14）使用钳形电流表测量导线电流时，如果是三相交流电，可以三相同时测量，将钳口同时夹入 u、v、w 三相导线，钳形电流表指示接近或为 0（三相电流相量和为 0），证明三相负荷平衡（见图 2-42）。

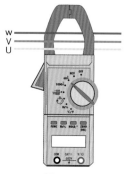

图 2-42

（15）使用钳形电流表测量三相交流电时，如果将钳口同时夹入 u、v、w 三相导线，钳形电流表指示不为 0，证明三相负荷不平衡，变压器中性线有电流流过，如果三相负荷不平衡率大于 15%，应及时调整三相负荷使其平衡（见图 2-43）。

图 2-43

（16）不能使用钳形电流表的小电流挡去测量大电流，以防损坏仪表（见图2-44）。

（17）使用钳形电流表测量电动机的各相电流，如果所测电流超过额定电流值，可以判断电动机有过载现象（见图2-45）。

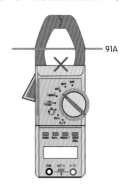

图 2-44

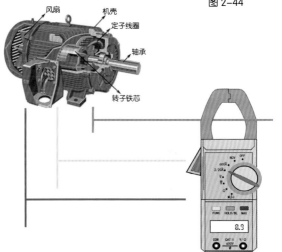

图 2-45

（18）钳形电流表在检测电流过程中需要换挡时，应先将被测导线从钳口内退出，待换挡完成后再钳入导线测量（见图2-46）。

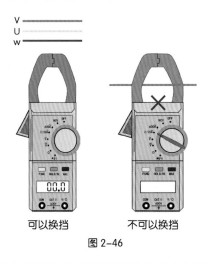

图 2-46

（19）钳形电流表测量导线电流完毕后，必须将旋钮开关切换到最大量程位置上，以免在下次使用时，因未选择量程就进行测量而损坏仪表（见图2-47）。

图 2-47

（20）手握钳形电流表测量交流电流时，为确保人身安全，手指不要划过弧形挡部位（见图 2-48）。

图 2-48

（21）使用钳形电流表测量交流电压时，误将旋钮开关拨至交直流电流挡，这样测量会非常危险（见图 2-49）。

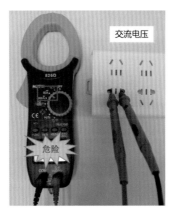

图 2-49

（22）使用钳形电流表测量交流电流时，如果用钳口夹住带电的导线，电流数值无法读取，容易造成危险（见图 2-50）。

图 2-50

（23）使用钳形电流表测量交流电流时，应按住扳机不要突然松开，钳头内置的霍尔元件是一种敏感器件，除了对磁敏感外，对热、机械应力均有不同程度的敏感，撞击会短时间引起读数变化（见图2-51）。

图 2-51

第六节 钳形电流表测量直流电流

（1）使用钳形电流表测量小交流电流时，将钳形电流表旋钮开关拨至 60A 交直流电流挡，再按下 "FUNC" 键选择交流电压 " ▄▄▄ "（见图 2-52）。

图 2-52

（2）使用钳形电流表测量大交流电流时，先将钳形电流表旋钮开关拨至 1000A 交直流电流挡，再按下 "FUNC" 键选择交流电压 " ▄▄▄ "（见图 2-53）。

图 2-53

（3）使用钳形电流表测量直流电流时，如果读数为正值，则电流的方向为由上至下（面板为上，底盖为下）（见图 2-54）。

图 2-54

（4）使用钳形电流表测量直流电流时，如果电流的流向相反，则显示出负数（见图2-55）。

图 2-55

（5）使用钳形电流表测量直流电流时，应按住扳机不要突然松开，以免引起读数变化（见图2-56）。

图 2-56

第七节 钳形电流表测量电容

（1）使用钳形电流表测量电容时，首先应将旋转开关切至"电容"挡（见图2-57）。

图 2-57

（2）按下"FUNC"键选择电容 F 量程。再将黑表笔插入"COM"输入插孔。红表笔插入"V/Ω/Hz"输入插孔（见图2-58）。

图 2-58

（3）当钳形电流表的表笔接触到待测电容的两端时，从显示器上就能读取被测电容的数值（见图2-59）。

图 2-59

（4）为避免钳形电流表损坏，在测量电容前，应断开被测电路的所有电源（见图2-60）。

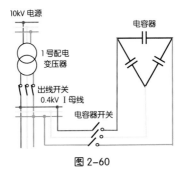

图 2-60

（5）为避免钳形电流表损坏，在测量电容前，应将高压电容器充分放电（见图2-61）。

图 2-61

（6）使用钳形电流表测量大电容时，稳定读数需要一定时间（见图2-62）。

图 2-62

（7）测量有极性的电容时，要注意极性的对应，避免损坏钳形电流表，保证测量精度（见图2-63）。

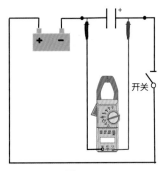

图 2-63

（8）电容单位换算（见图2-64）。

$$1nF = 10^{-3}\mu F \qquad 1\mu F = 10m^{-3}F$$

图 2-64

第八节 钳形电流表通断测试

（1）使用钳形电流表测量通断前，应先将旋钮开关切至"·))"挡（见图2-65）。

图 2-65

（2）再按下"FUNC"键选择"·))"量程（见图2-66）。

图 2-66

（3）钳形电流表进行通断测试时，将黑表笔插入"COM"输入插孔，红表笔插入"V/Ω/Hz"输入插孔（见图2-67）。

图 2-67

（4）当钳形电流表的表笔接触到被测电路的电阻时，如果被测电路的电阻小于30Ω，蜂鸣器将会发出连续响声（见图2-68）。

图 2-68

第九节　钳形电流表测量二极管

（1）使用钳形电流表测量二极管时，先将旋钮开关拨至"➤｜"挡（见图 2-69）。

图 2-69

（2）按下"FUNC"键在液晶显示器上选择
"➡️"量程，再将黑表笔插入"COM"输入插孔，
红表笔插入"V/Ω/Hz"输入插孔（见图2-70）。

图2-70

（3）如果钳形电流表测试笔极性正确，将显示
被测二极管的正向偏压值（见图2-71）。

图2-71

（4）如果钳形电流表测试笔极性接反，显示器将显示"O.L"（见图2-72）。

图 2-72

（5）为避免钳形电流表损坏，在二极管测量前，应切断被测电路所有电源（见图2-73）。

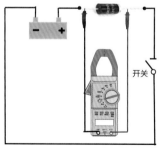

图 2-73

第十节　钳形电流表测量频率

（1）测量电网频率前，先将旋钮开关拨至"Hz%"挡（见图2-74）。

图 2-74

（2）按下"Hz%"键可在显示器上选择显示频率和占空比（0.1%~99.9%）两个内容（见图2-75）。

图 2-75

（3）将黑表笔插入"COM"输入插孔，红表笔插入"V/Ω/Hz"输入插孔（见图 2-76）。

图 2-76

（4）用测试笔另两端测量待测电路的频率值（见图 2-77）。

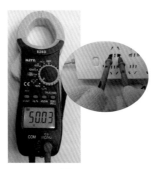

图 2-77

（5）不可测量任何高于250V交流有效值电压的频率，以防遭到电击或损坏钳形电流表（见图2-78）。

图 2-78

第十一节　钳形电流表非接触电压侦测

（1）使用钳形电流表进行非接触电压侦测（NCV测量）时，NCV感应片（位于钳头壳体内部）为非接触式测量的感应区（见图2-79）。

图 2-79

（2）使用钳形电流表进行非接触电压侦测（NCV测量）时，先将旋转开关转至"NCV"挡（见图2-80）。

图 2-80

（3）使用钳形电流表进行非接触电压侦测（NCV测量），当旋转开关转至"NCV"挡时，显示器显示"EF"（见图2-81）。

图 2-81

（4）进行 NCV 测量时，把钳形电流表的钳口感应片部位靠近被检测物（如电源配线板，接线板以及有强电场的地方等），如果感应出 20V 以上的交流电场或电压，"NCV"指示灯（发光二极管）就会连续快速闪动（见图 2-82）。

图 2-82

（5）钳形电流表的感应片处于钳头右半边的右上部，用此部位靠近电源线 1cm 以内检测，距离太远可能会造成无感应信号（见图 2-83）。

图 2-83

（6）使用钳形电流表进行 NCV 测试时，一旦感应出交流电压，面板中间左侧的 NCV 发光二极管就会连续快速闪亮，并且蜂鸣器发出连续叫声。随着电场加强发光管频闪和蜂鸣叫声同步加快，液晶屏从开机时的"EF"转变为"－－－－"（见图 2-84）。

图 2-84

第十二节　钳形电流表判断相线、零线

（1）使用钳形电流表进行非接触电压侦测（NCV测量）时，先将旋转开关转至"NCV"挡（见图2-85）。

图 2-85

（2）使用钳形电流表进行非接触电压侦测（NCV测量），当旋转开关转至"NCV"挡时，显示器显示"EF"（见图2-86）。

图 2-86

（3）将红表笔或黑表笔任意一支表笔插入钳形电流表"V/Ω/Hz"（相线）输入插孔（见图2-87）。

图 2-87

（4）当钳形电流表表笔触及电源线时，NCV发光管也会连续快速闪烁、蜂鸣器同步鸣叫，判断为"相线"（见图2-88）。

图 2-88

（5）当钳形电流表表笔触及电源线时，NCV发光管不闪烁、蜂鸣器也不鸣叫，判断为"零线"（见图2-89）。

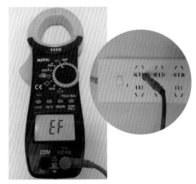

图 2-89

第十三节　钳形电流表测量温度

（1）用钳形电流表测量温度时，首先旋转开关切至"℃/℉"挡，钳形电流表将显示周围环境温度（见图2-90）。

图 2-90

（2）使用专用热电偶测试表笔，将黑表笔插入"COM"输入插孔，红表笔插入"V/Ω/Hz"输入插孔（见图 2-91）。

图 2-91

（3）将热电偶插入热水中，钳形电流表将显示从热电偶传递过来的温度近似值（见图2-92）。

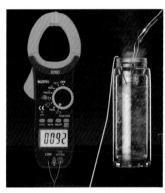

图 2-92

第十四节　漏电检测仪检测剩余电流

在低压电路上检测漏电电流的绝缘管理方法，已成为首要的判断手段。自其被确认以来，在不能停电的楼宇和工厂，便逐渐采用漏电电流钳表来进行检测（见图2-93）。

图 2-93

第三章

钳形电流表现场测量实例分析

第一节　测量计量箱内设备电流

（1）测量计量箱中三相四线低压总开关电源侧 u 相电流（见图 3-1）。

（2）测量计量箱中三相四线低压总开关电源侧 v 相电流（见图 3-2）。

图 3-1　　　　　　　　图 3-2

（3）测量计量箱中三相四线低压总开关电源侧 w 相电流（见图 3-3）。

图 3-3

（4）测量计量箱中三相四线低压总开关电源侧中性线电流（见图 3-4）。

图 3-4

（5）测量计量箱中三相低压总开关负荷侧 u 相电流（见图 3-5）。

图 3-5

（6）测量计量箱中三相低压总开关负荷侧 v 相电流（见图 3-6）。

图 3-6

（7）测量计量箱中三相低压总开关负荷侧 w 相电流（见图 3-7）。

图 3-7

（8）测量计量箱中三相电能表表后开关电源侧中性线电流（见图 3-8）。

图 3-8

（9）测量计量箱中三相电能表表后开关电源侧 u 相电流（见图 3-9）。

图 3-9

（10）测量计量箱中三相电能表表后开关电源侧 v 相电流（见图 3-10）。

图 3-10

（11）测量计量箱中三相电能表表后开关电源侧 w 相电流（见图 3-11）。

图 3-11

（12）测量计量箱中电能表表后开关电源侧漏电电流（见图 3-12）。

图 3-12

（13）测量计量箱中电能表表后开关负荷侧漏电电流（见图3-13）。

图3-13

（14）测量计量箱中电能表表后开关负荷侧相电流（见图3-14）。

图3-14

（15）测量计量箱中单相电能表表后开关负荷侧中性线电流（见图3-15）。

图 3-15

第二节　测量配电室设备电流

（1）测量配电室低压线路开关负荷侧 u 相电流（见图3-16）。

图 3-16

（2）测量配电室低压线路开关负荷侧 v 相电流（见图 3-17）。

图 3-17

（3）测量配电室低压线路开关负荷侧 w 相电流（见图 3-18）。

图 3-18

（4）测量配电室低压线路开关负荷侧中性线电流（见图3-19）。

图 3-19

（5）测量配电室三相四线开关电源侧漏电电流（见图3-20）。

图 3-20

（6）测量配电室低压刀开关负荷侧 u 相电流（见图 3-21）。

图 3-21

（7）测量配电室低压刀开关负荷侧 v 相电流（见图 3-22）。

图 3-22

（8）测量配电室低压刀开关负荷侧 w 相电流（见图 3-23）。

图 3-23

第三节　测量电缆分支箱设备电流

（1）测量电缆分支箱进线总开关电源侧 u 相电流（见图 3-24）。

图 3-24

（2）测量电缆分支箱进线总开关电源侧 v 相电流（见图 3-25）。

图 3-25

（3）测量电缆分支箱进线总开关电源侧 w 相电流（见图 3-26）。

图 3-26

（4）测量电缆分支箱进线总开关中性线电流（见图 3-27）。

图 3-27

（5）测量电缆分支箱出开关负荷侧 u 相电流（见图 3-28）。

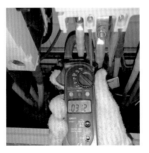

图 3-28

（6）测量电缆分支箱出开关负荷侧 v 相电流（见图 3-29）。

图 3-29

（7）测量电缆分支箱出开关负荷侧 w 相电流（见图 3-30）。

图 3-30

（8）测量电缆分支箱出开关中性线电流（见图 3-31）。

图 3-31

第四节　测量客户家中设备电流

（1）测量用电客户家中总开关电源侧漏电电流（见图 3-32）。

图 3-32

（2）测量用电客户家中总开关电源侧相线电流（见图 3-33）。

图 3-33

（3）测量用电客户家中总开关电源侧零线电流（见图 3-34）。

图 3-34

（4）测量用电客户家中总开关负荷侧漏电电流（见图3-35）。

图3-35

（5）测量用电客户家中总开关负荷侧相线电流（见图3-36）。

图3-36

（6）测量用电客户家中总开关负荷侧零线电流（见图3-37）。

图3-37

第五节　漏电检测仪测量漏电电流

（1）使用漏电检测仪检测电流时，钳口夹入配电箱三相四线制中四根导线检测到的电流为0.47mA（见图3-38）。

图3-38

（2）使用漏电检测仪检测电流时，钳口夹入单相两根导线检测到的电流为2.63mA（见图3-39）。

图3-39

（3）使用漏电检测仪检测电流时，钳口夹入三相三线中的三根导线检测到的电流为82.3mA（见图3-40）。

图3-40

（4）使用漏电检测仪检测电流时，钳口夹入配电室三相四线开关出线侧四根导线检测到的漏电电流为4.09mA（见图3-41）。

图 3-41

（5）使用漏电检测仪检测电流时，钳口夹入配电室三相四线开关进线侧四根导线检测到的漏电电流为5.05mA（见图3-42）。

图 3-42

第四章

钳形电流表现场测量前工作准备

第一节 安全工器具准备

（1）检查安全帽各配件有无破损，帽衬调节器卡紧有无松动，顶带、缓冲垫是否完好，下颏带调节有无异常，帽壳有无裂纹和变形，并是否在使用期限内（见图4-1）。

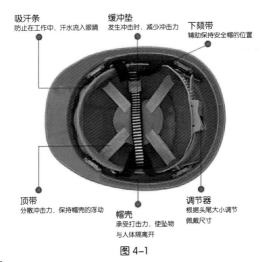

吸汗条
防止在工作中，汗水流入眼睛

缓冲垫
发生冲击时，减少冲击力

下颏带
辅助保持安全帽的位置

顶带
分散冲击力，保持帽壳的浮动

帽壳
承受打击力，使坠物与人体隔离开

调节器
根据头尾大小调节佩戴尺寸

图4-1

（2）检查辅助型绝缘胶垫的等级和制造厂名等标识是否清晰完整，辅助型绝缘胶垫上、下表面应不存在有害的不规则性缺陷（即破坏均匀性的缺陷与损坏表面光滑轮廓的缺陷）（见图4-2）。

图 4-2

（3）检查踏棍（板）与梯梁连接是否牢固，整梯应无松散，各部件应无变形，梯脚防滑良好，梯子竖立后平稳，无目测可见的侧向倾斜（见图4-3）。

图 4-3

（4）检查低压验电笔外观是否完好无损坏（见图 4-4）。

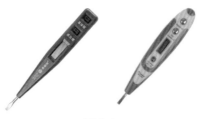

图 4-4

（5）在工频发生器上检验低压验电笔好坏（见图 4-5）。

图 4-5

第二节　着装准备

（1）工作前工作人员穿戴供电公司发放的工作装（见图4-6）。

图4-6

（2）检查绝缘鞋有无刻痕、切割、磨损或化学污染等影响绝缘防护水平的问题（见图4-7）。

（3）检查线手套外观有无破损（见图4-8）。

图4-7　　　　　　图4-8

（4）检查工作服是否为棉质布料且无破损（见图4-9）。

图4-9

第三节　车辆准备

出车前兼职驾驶员应仔细检查车辆行驶是否正常，且无异常、无故障，有危及行车安全因素时兼职驾驶员不得出车（见图4-10）。

图4-10

第四节 其他物件准备

（1）检查行为记录仪电量是否充足，且完好无损，网络信号正常（见图 4-11）。

图 4-11

（2）检查急救箱内药品是否齐全，且在保质期内（见图 4-12）。

（3）携带笔记本与签字笔（见图 4-13）。

图 4-12　　　　　图 4-13

（4）检查照明灯照明是否正常（见图4-14）。

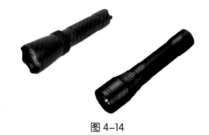

图 4-14

第五章

钳形电流表核相

第一节　双路电源与核相

（1）发生电力事故停电时，会给重要电力客户造成重大经济损失。为保障对电力客户的不间断供电，有必要实行双路电源供电（见图5-1）。

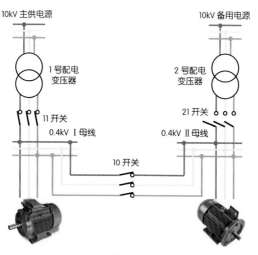

图 5-1

93

（2）当主供电源发生断电时，11 开关断开，可以采用自动或手动方式投入备用电源，合上 21 开关，从而避免因主供电源中断造成重要电力客户停电，出现重大经济损失（见图 5-2）。

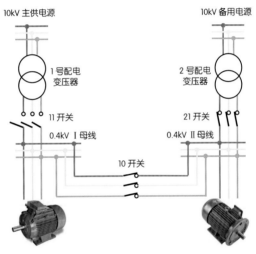

图 5-2

（3）在双路电源采用一路主供，一路备用的方式下，必须保证主供电源与备用电源相序相同，相序不相同会使电动机出现反转的情况（见图5-3）。

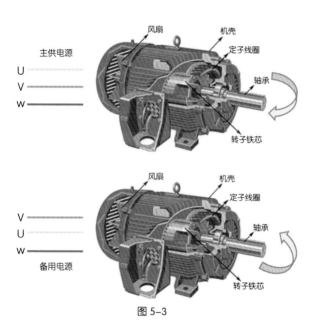

图 5-3

（4）对于低压双电源供电系统，当配电变压器并列运行时，必须保证供电的两路电源相位相同；当低压侧并列运行时，低压联络断路器合闸，两路电源共同向负载供电，如果双电源相位不同，将导致低压侧发生相间短路事故（见图 5-4）。

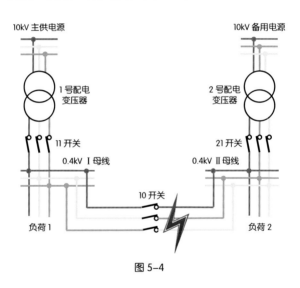

图 5-4

（5）什么情况进行核相?（见图5-5）

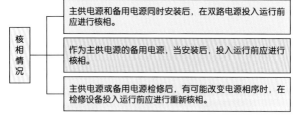

核相情况
- 主供电源和备用电源同时安装后,在双路电源投入运行前应进行核相。
- 作为主供电源的备用电源,当安装后,投入运行前应进行核相。
- 主供电源或备用电源检修后,有可能改变电源相序时,在检修设备投入运行前应进行重新核相。

图 5-5

第二节 钳形电流表核相操作

（1）使用钳形电流表测量交流电压前,先将钳形电流表的黑表笔插进"COM"孔,红表笔插进钳形电流表的"V/Ω/Hz"孔,再将钳形电流表旋钮开关切至交流电压挡（见图5-6）。

图 5-6

（2）测量时先将钳形电流表的黑表笔插入"主供电源"的左相，钳形电流表的红表笔插入"备用电源"的左相，电压指示 380V，说明不是同相序（见图 5-7）。

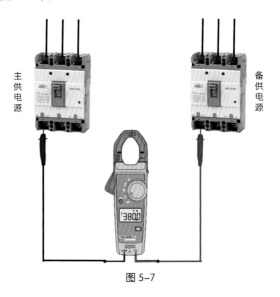

图 5-7

（3）测量时先将钳形电流表的黑表笔插入"主供电源"的左相，钳形电流表的红表笔插入"备用电源"的中相，电压指示380V，说明不是同相序（见图5-8）。

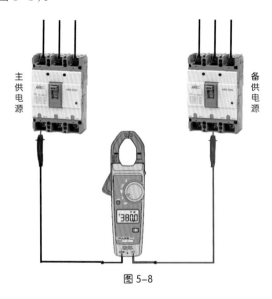

图 5-8

（4）测量时先将钳形电流表的黑表笔插入"主供电源"的左相，钳形电流表的红表笔插入"备用电源"的右相，电压指示 0V，说明是同相序（见图5-9）。

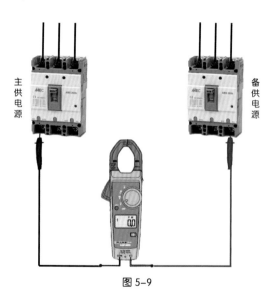

图 5-9

（5）测量时先将钳形电流表的黑表笔插入"主供电源"的中相，钳形电流表的红表笔插入"备用电源"的左相，电压指示 380V，说明不是同相序（见图 5-10）。

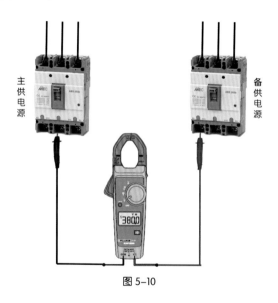

主供电源

备供电源

图 5-10

（6）测量时先将钳形电流表的黑表笔插入"主供电源"的中相，钳形电流表的红表笔插入"备用电源"的中相，电压指示 0V，说明是同相序（见图5-11）。

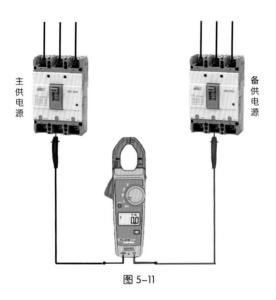

图 5-11

（7）测量时先将钳形电流表的黑表笔插入"主供电源"的中相，钳形电流表的红表笔插入"备用电源"的右相，电压指示 380V，说明不是同相序（见图 5-12）。

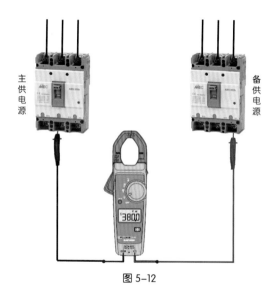

主供电源

备供电源

图 5-12

（8）测量时先将钳形电流表的黑表笔插入"主供电源"的右相，钳形电流表的红表笔插入"备用电源"的左相，电压指示 0V，说明是同相序（见图5-13）。

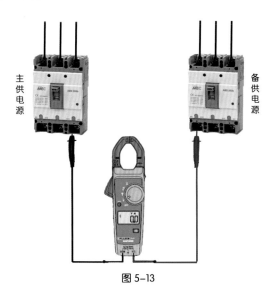

图 5-13

（9）测量时先将钳形电流表的黑表笔插入"主供电源"的右相，钳形电流表的红表笔插入"备用电源"的中相，电压指示380V，说明不是同相序（见图5-14）。

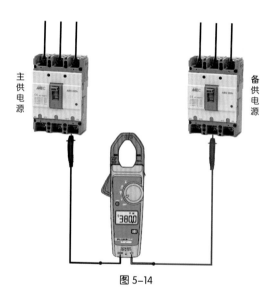

图 5-14

（10）测量时先将钳形电流表的黑表笔插入"主供电源"的右相，钳形电流表的红表笔插入"备用电源"的右相，电压指示 380V，说明不是同相序（见图 5–15）。

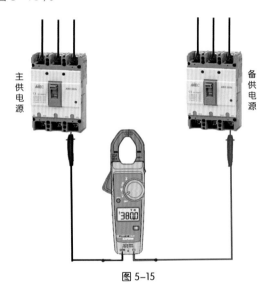

图 5–15

第六章

钳形电流表使用注意事项

第一节 安全注意事项

（1）使用钳形电流表在低压电气设备上测量时，测量人员要注意人身与带电设备要保持足够的安全距离（见图6-1）。

图 6-1

（2）使用钳形电流表在低压电气设备上测量时，禁止测量人员用手触摸表笔的金属部分（见图6-2）。

图6-2

（3）使用钳形电流表在低压电气设备上测量时，禁止测量人员用手触摸被测元件（见图6-3）。

图6-3

（4）使用钳形电流表在低压电气设备上测量时，应防止造成被测电路短路事故（见图6-4）。

图6-4

（5）使用钳形电流表核相时，操作人必须佩戴安全帽、穿长袖衣、穿绝缘鞋、戴手套、站在辅助型绝缘胶垫上，防止人身触电事故发生（见图6-5）。

图6-5

（6）核相工作是双路电源的带电操作，核相操作前一定要做好充分准备。认真执行电气第二种工作票及安全措施，防止发生人身触电和短路事故（见表6-1）。

表6-1 电气第二种工作票

单位			编号		
工作负责人（监护人）			班组		
工作班成员（不包括工作负责人）： 共　人					
工作的线路或设备名称： 					
工作任务	线路或设备名称		工作地点范围		工作内容
计划工作时间：自　年　月　日　时　分至　年　月　日　时　分					
注意事项（安全措施）： 工作票签发人签名：　　　日期：　年　月　日　时　分 工作负责人签名：　　　日期：　年　月　日　时　分					
确认工作负责人布置的工作任务和安全措施。 工作班组人员签名： 					

第二节　操作注意事项

第Ⅲ类电压：50V 以下的电压为第Ⅲ类电压，称为安全电压，有 12V、24V、36V、42V 等。

（1）使用钳形电流表测量类别为第Ⅲ类电压时应小于600V（见图 6-6）。

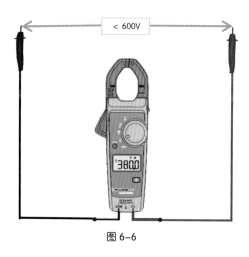

图 6-6

（2）在电磁干扰比较大的设备附近使用钳形电流表时，钳形电流表的读数会不稳定，甚至可能会产生较大的误差（见图6-7）。

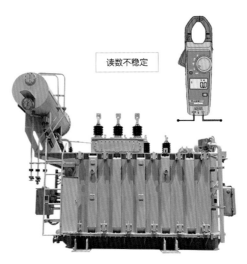

图6-7

（3）钳形电流表在带电进行测量时，严禁切换挡位操作（见图6-8）。

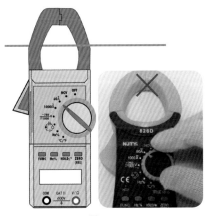

图6-8

（4）在切换旋钮开关之前，必须保证测试笔已经离开被测电路（见图6-9）。

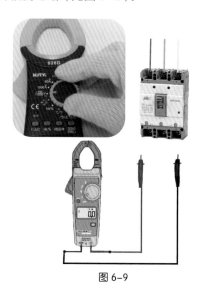

图6-9

（5）当钳形电流表被测带电导线穿过互感器铁芯时，切勿触摸钳形电流表没有使用的输入端（见图6-10）。

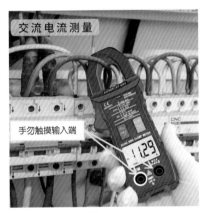

图 6-10

（6）当钳形电流表的电池电量快要耗尽时，钳形电流表液晶显示器右上角提示电池电量低，如果在电量不足的情况下仍继续测量，会导致测量数据不准确，严重时会导致电击或人身伤害（见图6-11）。

图 6-11

（7）使用测试笔测量时，应将手指放在测试笔的保护环后面（见图6-12）。

图 6-12

（8）不可在带电的电路上使用钳形电流表进行电容、电阻或通断测试（见图6-13）。

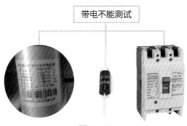

图 6-13

（9）钳形电流表的外壳（或外壳的一部分）被拆下时，切勿使用该表（见图6-14）。

图 6-14

（10）测量工作完毕，应将钳形电流表旋钮开关切至"OFF"挡，并将测试笔从钳形电流表上取下（见图6-15）。

图 6-15

（11）只有将钳形电流表测量表笔全部取下，将旋钮开关切至"OFF"位置，才能更换钳形电流表电池（见图6-16）。

图 6-16

（12）钳形电流表开机后如果长时间不操作，15分钟左右就自动关机（只关闭液晶屏，但芯片还在工作耗电），以节省电池（见图 6-17）。

（13）钳形电流表自动关机后再按任意键即可重新开机（见图 6-18）。

图 6-17　　　　　图 6-18

（14）钳形电流表长期不用时，一定要将旋转开关切于"OFF"挡（见图6-19）。

图6-19